EL APICULTOR Y LAS ABEJAS

LA PRODUCCION DE MIEL, MANEJO, EXTRACION Y REQUISISTOS PARA SU COMERCIALIZACION

EL AICULTORLA Y LAS ABEJAS
EL AICULTORLA. PRODUCCION DE LA MIEL,
MANEJO EXTRACION Y REQUISISTOS PARA SU
COMERCIALIZACION

En este manual encontraran informaciones se la producción apícola, la miel como alimento, làs buenas practicas apícolas y los requisitos necesarios para una miel de calidad e inocua.

Carlos Ariel Gastón Castillo Vicioso, MV. MSc.
Junio de 2019

Dr. Carlos Ariel Castillo Vicioso, MSc

MANUAL DE IMPLEMENTACION DE BUENAS PRACTICAS APICOLAS

Contenido

Dr. Carlos Ariel Castillo Vicioso, MSc

1. Introducción

La apicultura es una creciente empresa en todo el mundo, porque sus productos han adquirido una verdadera aceptación en el mercado. Sus propiedades medicinales y su versatilidad culinaria, además de su uso en la belleza y otras áreas.

No por nada la miel de abejas es uno de los alimentos, más comercializados y adulterado del mundo. Existen tecnologías muy avanzadas que han logrado detectar estas adulteraciones, a través del polen, que identifica las flores y su origen o procedencia, además la miel es única, y su composición es identificable fácilmente por los expertos en química de alimentos. Adulterar es un delito, que deja muchos dineros a esas bandas de delincuentes, que también ponen en riesgo, no solo el mercado de la miel y sus derivados, sino la salud de las personas, ya que estas adulteraciones de seguro no toman en cuenta la inocuidad de la miel y de las sustancias que usan para adulterar la miel.

La miel es un alimento, y por lo tanto debe ser vigilado desde su producción, donde se deben utilizar las buenas practicas apícolas y el uso y manejo seguro de medicamentos y productos veterinarios. Ya que la miel y la cera pueden ser contaminadas y ser un riesgo para la salud de los seres humanos. También las salas de extracción y lugares de expendios, deben ser lugares adecuados para la inocuidad de la miel. Todos los equipos, utensilios, herramientas y envases deben ser grado alimenticios.

2. El Apicultor

La apicultura es un arte y una ciencia, que aporta a la humanidad uno de los productos más exquisitos de la producción animal. El apicultor debe capacitarse y tomar conciencia del manejo y cría de las abejas, así como de todo el apiario, instalaciones y demás componentes.

El apicultor debe planificar mensualmente sus actividades, y diseñar un programa anual para que no aparezcan sorpresas que pueden ser controlables.

Antes de partir para el apiario el apicultor, debe contar con todos los elementos necesarios: ropa adecuada, velo, palanca, cepillo, ahumador, combustible para el ahumador (cartón o leña), guantes, envase con agua. Encienda el ahumador. Coloque su velo y guantes (en caso de ser necesario). Observe la colonia, ahúme suavemente la piquera sin molestarlas. No ahúme excesivamente la colmena, ya que puede irritar las abejas.

Inspección de las colmenas

Fuente: foto tomada por el autor. 2018.

3. Capacitación de apicultor y su personal

El productor debe capacitarse en buenas practicas apícolas, higiene, manejo integrado de plagas, uso y manejo seguro de plaguicidas, medicamentos y productos veterinarios, sostenibilidad ambiental y manejo forestal, uso y manejo de registros, contables y pecuarios. Así como todo el personal que labora con él. Deben ser capacitados en manejo del apiario y las enfermedades que afectan a las abejas.

4. Pasos para realizar la determinación varroa (ácaros) en la colmenas.

Frascos para tomar las muestras de abejas de las colmenas. Pueden contener agua o alcohol para contener las abejas.

Las muestras se toman de diferentes colmenas más o menos de un 5 a un 10% de las mismas, de las cuales se tomaran uno o dos cuatros para atrapar las abejas, que deben ser entre 150 a 300 por frascos.

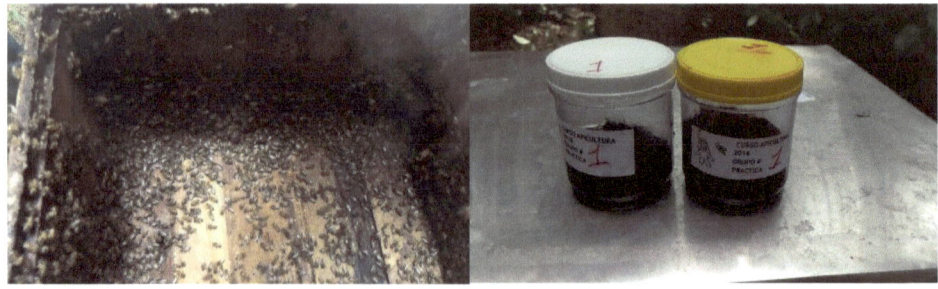

Fuente: fotos tomas da por el autor. 2018.

Frascos conteniendo las abejas con agua o alcohol, para ser lavadas, y hacer que se separen los ácoros de ellas para ser contados. para disponerlas en el tamiz o cedazo, al pasarlas por este los ácaros se separaran de las abejas para poder contarlos. Para esto son se realiza el lavado de las abejas para para separar los ácaros.

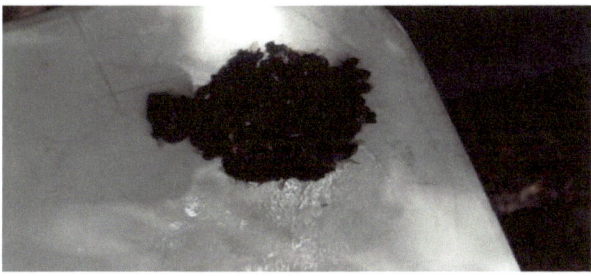

Fuente: foto tomada por el autor. 2018.

Abejas luego de ser lavadas, las cuales se deben contar para determinar la incidencia de ácaros en las colmenas o estimar la prevalencia en el apiario.

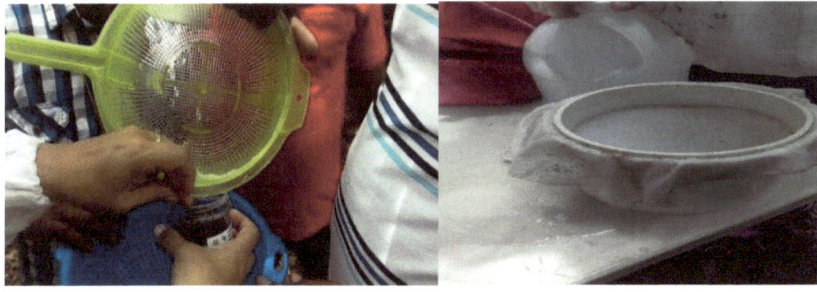

Repetir al menos tres veces, el lavado, de las abejas.

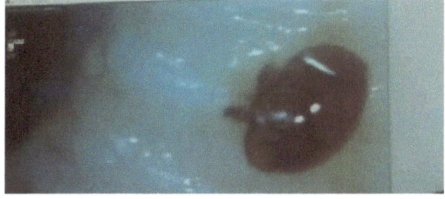

Acaro, vista real al microscopio.

Trampas para ácaros varroa

Fuente: fotos tomadas por el autor. 2018.

5. Que son las buenas prácticas apícolas

Son un conjunto de estrategias, herramientas actividades y procesos para lograr una producción sostenible, amigable con el medio ambiente, con calidad e inocuidad de los productos de la colmenas, tales como la miel y sus derivado. Las buenas prácticas incluyen varios componentes:

    a. Buenas prácticas en el manejo de plaguicidas y herbicidas
    b. Requisitos para el almacenamiento de insumos pecuarios
    c. Sanidad animal y bioseguridad
    d. Manejo y bienestar animal.
    e. Salud, seguridad y bienestar del trabajador.
    f. Registros, contables y pecuarios (apícola)
    g. Identificación. Mantenimiento de registros y documentación.
    h. Trazabilidad.

6. Regulaciones nacionales, normas y control de parámetros sanitarios, calidad y de inocuidad alimentaria

Todos los apicultores, procesadores y comercializadores de la miel y sus derivados deben conocer todas las normas, reglamentos, directrices y leyes relacionadas con la producción apícola, manejo y comercialización de la miel. Deben contactar a los entes del sistema de producción apícolas: Ministerio de Agricultura, Departamento de Inocuidad

Agroalimentaria, Dirección General de Ganadería, Instituto para la Calidad, y los demás afines. Con la finalidad de estar identificados y que apliquen todos los controles y manejos establecidos por dicho sistemas de monitoreo, control y vigilancia. Además de la legislación, es necesario el cumplimiento de los programas de control, en particular de los siguientes aspectos:

      i. Vigilancia y monitoreo
      j. Inspección
      k. Muestreo y análisis de los alimentos
      l. Controles de higiene
      m. Registros documentales (POE Y POES, MANUAL DE INOCUIDAD)
      n. Auditoría de los establecimientos por la autoridad nacional competente
      o. Auditoría y verificación del programa de control a nivel nacional

7. Herramientas del Apiario

La ubicación del apiario es vital para el desarrollo y progreso de las colmenas, así como para la calidad e inocuidad final de la miel y sus derivados. Las colmenas en lugares que dispongan de un balance entre sol, sombra y ventilación. Las colmenas deberán ubicarse a una distancia no menor de tres kilómetros de posibles focos de contaminación, como centros industriales y basureros. La zona de pecoreo deberá estar libre de aplicaciones intensivas de plaguicidas y otros agroquímicos. En caso de aplicaciones se deben tomar las medidas preventivas para reducir la posibilidad de contaminación y pérdidas de colonias. Las colmenas deben colocarse en soportes (bancos) individuales, a una altura mínima de 15 centímetros sobre el suelo y con una distancia de al menos 1 metro entre colmenas y 2 metros entre fi las lo que facilitará el manejo y favorecerá la ventilación de la colmena.

Controlar el crecimiento de malezas en el apiario, evitando el uso de productos químicos como herbicidas, y derivados del petróleo (diesel, aceite quemado).

La distancia mínima de un apiario a otro debe establecerse con base en las leyes, reglamentos y normas de cada país, así como a la disponibilidad de la flora apícola. El apicultor debe ubicar sus colmenas considerando evitar conflictos con vecinos y otros apicultores. Bajo ninguna circunstancias el apiario debe estar próximos a poblaciones humanas. Preferentemente se deben ubicar las colmenas en sitios con fuentes naturales de agua.

Las fuentes de agua deberán encontrarse al menos a un kilómetro de distancia de cualquier afluentes de aguas residuales y estar libres de residuos tóxicos, especialmente metales pesados y otros similares.

Cuando sea necesario establecer bebederos en los apiarios se deben utilizar agua potable y recipientes no contaminantes y con capacidad para abastecer el volumen de agua requerido. En caso de usar depósitos de metal, estos deben ser recubiertos con pintura epóxica o resina fenólica para evitar la contaminación del agua; puede utilizarse cera de abejas para recubrir la superficie de los depósitos.

8. Instalaciones sanitarias

Una de las instalaciones necesaria en cada apiario son las instalaciones sanitarias, los mismos deben poseer sanitarios o letrinas, lavamanos y un lugar destinado para la disposición y eliminación de residuos o basuras que se produzcan en el apiario y alrededores. Se debe contar con papel higiénico, jabón y desinfectantes. Si no se cuenta con esta instalaciones fijas, se recomienda tenerlas móviles.

9. Almacén para insumos

Todo apicultor debe disponer de un almacena o contenedor donde disponer o guardar los insumos, equipos, herramientas, productos o medicamentos de uso en el apiario.

10.Equipos y herramientas de uso en apiario

Todas las herramientas, equipos y materiales que se utilicen en el apiario deben ser los más apropiados. Los mismos deben mantenerse limpios y desinfectados, para evitar contaminar o transportar plagas de un apiario a otro e incluso de una colmena a otra. Dentro de los elementos principales a tener en el apiario son los siguientes:

Ahumador. Material de combustión utilizado, no debe contaminar la miel.
- Cuña
- Cepillo
- Bomba atomizadora
- Cuchillo afilado
- Cubeta con tapa
- Cubeta con agua y tapa
- Soporte
- Antialérgico
- Tamiz o colador
- Frasco para muestras y bolsas plásticas (ziplot)
- Alcohol y algodón.

Los materiales para la fabricación de los ahumadores debe ser tal que no contamine las colmenas o la miel. No debe fabricarse con envase que hallan contenido, aceites tóxicos o combustibles.

Fuente: foto tomada por el autor. 2018.

Aumadores, pinzas, tamiz o coladora, espátulas y cepillos

11. Indumentarias del apicultor

El apicultor debe contar con los siguientes elementos para facilitarse sus operaciones y protegerse de cualquier ataque de las abejas, entre ellos se cuentan los siguientes: sombrero con velo, overol con mangas largas, botas y guantes de material fuerte flexible o de tela, para él y sus ayudantes.

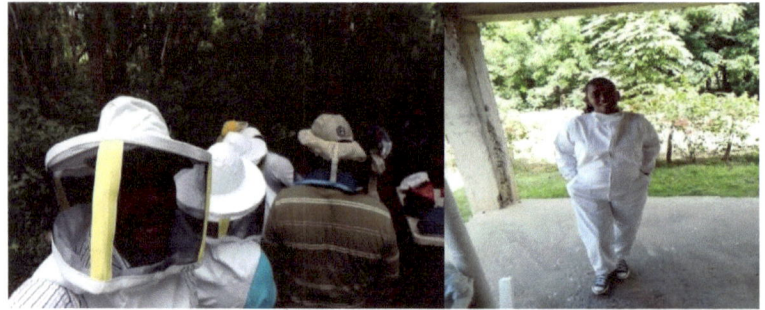

Fuente: foto tomada por el autor. 2018.

12. Botiquín

Todo los apicultores deben contar con un botiquín, surtido de todos los medicamentos, materiales gastables y herramientas, necesarias para resolver al momento de presentarse cualquier emergencia: antialérgico, gasa, guantes desechables, algodón, pinzas, tijeras, alcohol, yodo, agua destiladas, aspirinas, calmante, entre otros que considere necesario. Para completar dicha información pregunte a su centro de salud más cercano o a los agentes de Cruz Roja Dominicana o a los Bomberos.

13. Orientación de las colmenas

No existe evidencia significativa, respecto a las orientaciones en que se deben colocar las colmenas, lo que se recomienda es colocarlas en un lugar fresco, bajo árboles, lejos lugares contaminados, de terrenos que se puedan inundar, a más o menos 1 o dos kilómetros de ciudades, residenciales o lugares poblados o con presencia de ganado, industrias, etc.. Los caminos de acceso al apiario deben ser reparados y evitar lugares que se puedan inundar cuando llueva. En general la ubicación y la distancia entre colmenas solo debe permitir el libre movimiento del apicultor y su persona, así como de las herramientas, utensilios y equipos que utilicen.

Apiarios y formas de ubicación de las colmenas

Fuente: foto tomada por el autor. 2018.

14. Manejo del apiario

14.1.   Inspección de las colmenas

Las inspecciones al apiario deben ser planificadas según las condiciones sanitarias de las colmenas y la época de producción del mismo. Una vez revisado todas las colmenas se deben verificar los cuadros y luego volvemos a armar la colmena, suavemente y con cuidado utilizando humo para evitar el aplastamiento de abejas.

- Coloque el material sin dejar espacios y en el mismo orden que fue retirado

- Si la colonia tiene varias alzas, las alzas retiradas se colocan sobre la tapa

- Trabaje siempre con cuidado y sin apuros, la prisa puede ocasionar accidente o daños a las abejas.

14.2.   Evaluación de las cajas y cuadros

Las cajas deben ser construidas de madera nuevas, o no dañada, infestada por termitas o podrida, para evitar la contaminación cruzada por esta causa. Se prefieren maderas fuertes y que no transfieran olores o contaminantes a la miel. Siempre se debe contar con los permisos de forestas si se utilizan arboles de la zona. La protección a la foresta, favorece el desarrollo y permanencia de nuestras abejas.   Nunca utilizar sustancias toxicas para proteger las cajas y si se van a pintar que sea solo por la parte exterior, y con pintura expósita (libre de plomo u otro metal o sustancias toxica).

Los cuadros y cajas

Fuente: foto tomada por el autor. 2018.

Son parte vital de las colmenas, hacen las funciones del panal de las colmenas, deben ser construidos con maderas limpia, no contaminadas, pulidos y que no sean un riesgo para la inocuidad y la calidad de la miel y la salud de las abejas. Deben ser revisados y si es necesario cambiarlo periódicamente, para evitar que se conviertan en un problema sanitario para las abejas. Jamás utilice cuadros viejos y dañados. Establezca un tiempo de vida útil para los mismos. Lo mismo se debe hacer con el alambre o cuerdas que se utilice para colocar la cera.

La calidad de la miel y los demás productos de la colmena está influenciada por las condiciones higiénicas sanitaria de los cuadros y de la caja que la contenga. Por lo que debe evitar utilizar materiales viejos y en mal estado.

15. Evaluación de las condiciones del apiario y las abejas

15.1. Salud

Las abejas pertenecen al reino animal, por lo que igual sufren de diferentes enfermedades y son atacadas por diferentes plagas y para tratarlas se deben usar productos y medicamentos veterinarios. Los mismos deben estar oficialmente aprobados y registrados por el departamento de sanidad animal, a través de la unidad apícola, que son dependencias de la dirección general de ganadería, del ministerio de agricultura. Se debe cumplir con el manejo y uso seguro de los medicamentos y productos veterinarios, para garantizar la salud de las abejas, la protección del medio ambiente, de las personas y de los demás animales. Se debe implementar por escrito un programa sanitario, aplicar el triple lavado y la disposición final de los envases y envolturas, para que no sean un peligro para los seres humanos, otros animales y el medio ambiente, esto debe estar avalado por el técnico de departamento de inocuidad agroalimentaria.

Inspección sanitaria, colocación de trampas y recolección de ácaros de varroa

Monitoreo y vigilancia sanitaria

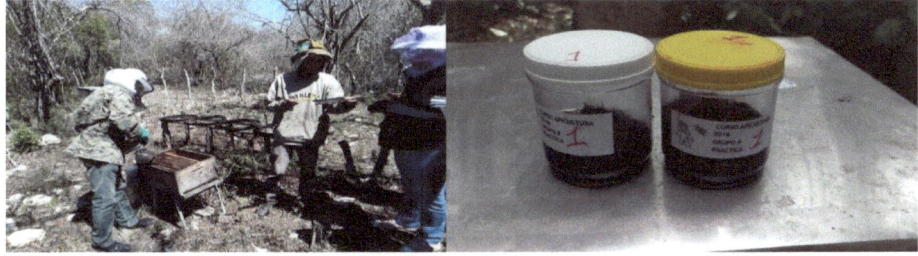

Fuente: foto tomada por el autor. 2018.

Se debe cumplir el periodo de carencia, es decir: jamás cosechar o extraer la miel hasta que no se cumpla el periodo (fecha) de carencia establecido por el fabricante de producto o medicamento, o por recomendaciones del médico veterinario oficial.

Formularios para el registro sanitario

Fuente: foto tomada por el autor. 2018.

Debe establecer un programa de monitoreo del apiario que le permita evaluar y registre todas las novedades que observe en la colmena y tome las decisiones puntuales para prevenir o corregir los problemas sanitarios encontrados.

Ácaros adultos de la Varroa

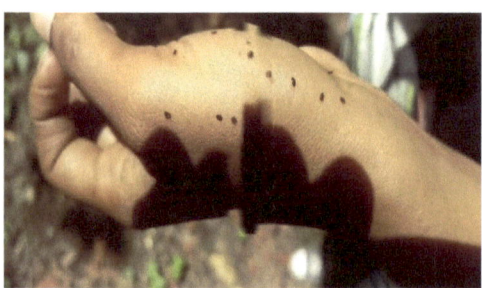

Fuente: foto tomada por el autor. 2018.

Monitoreé frecuentemente sus colmenas, establezca un calendario según su conveniencia, y ante cualquier infestación o problema si no puede, establecer las causas y las soluciones, comuníquese con el veterinario oficial de la zona.

16. Población de abejas o la colonia

Categorice sus colmenas y establezca la población adecuada de cada una de ellas. Verifique si el número de individuos es el apropiado según su edad, salud y disponibilidad de alimento. Es correcto establecer un número de colmena según su capacidad de trabajo, y del número de personas de que dispone. Esto es así porque cada colmena es un individuo particular, y debe ser monitoreado y vigilado, periódicamente. Usted debe establecer el programa, nadie más que usted conoce sus abejas, por lo que debe contar con el tiempo necesario para dedicarle a cada una de ellas.

17. Alimentación artificial de las abejas

La alimentación artificial de las abejas, deberá cumplir con normas básicas de seguridad, higiene e inocuidad, para la preparación de alimentos, tales como limpieza, ventilación, iluminación y estar libre de contaminantes químico y biológico. Los recipientes que se utilicen deben estar sonetizados, no estar corroídos y protegidos de cualquier tipo de contaminación.

Alimentación artificial

Foto: google.com. 2019

18. Insumos o ingredientes para la preparación del alimento artificial

Los insumos que se empleen para la preparación de los alimentos deberán ser inocuos. No se deberán utilizar alimentos con aditivos saborizantes o colorantes, ya que pueden afectar la calidad de la miel y la salud de las abejas. No se deberá usar residuos de confitería y azúcar de desecho (azúcar barrida), mientras más calidad tienen estos ingredientes, más calidad y más inocua será su miel. Al usar melaza y panela este debe de diluirse con agua y calentar la mezcla (60°C), evitando hervir. No se debe aplicar medicamentos en la alimentación artificial y si es necesario debe ser con el consentimiento del médico veterinario oficial de la zona. El agua que se emplee deberá ser limpia adecuada para la alimentación de las abejas. Si se usa miel y/o polen, deberán proceder únicamente de colmenas libres de enfermedades, debidamente controladas. Los apicultores deben llevar un registro de proveedores de insumos y del suministro de los alimentos. Al suministrarse la alimentación se debe considerar la fortaleza de la colonia, la época del año y las condiciones de la vegetación néctar polinífera de la región. En colonias débiles, si se alimenta en exceso, las abejas no se terminan el alimento lo que ocasiona que se fermente y/o se formen mohos. Una vez preparados los alimentos y hasta su administración a las colonias, deberán mantenerse en un lugar limpio, seco, fresco, ventilado y protegido de la presencia de roedores y plagas en general.

19. Uso y manejo seguro de medicamentos, pesticidas y productos veterinarios

Las aplicaciones de medicamentos siempre se deben realizar de forma curativa y nunca en forma preventiva. Y bajo la vigilancia y supervisor del médico veterinario oficial. Los medicamentos y productos veterinarios que se usaran en el apiarios deben estar oficialmente registrados y de uso correcto para la salud de las abejas. Emplear medicamentos específicos para el tipo de enfermedad que afecta a las colmenas en ese momento. Nunca usar de productos antibióticos que contengan: sulfonamidas, cloranfenicol y nitrofuranos. Seguir las indicaciones de aplicación que se adjunta a los medicamentos veterinarios de uso apícola. En caso de desconocimiento en la forma de aplicación, consulte antes de usar. Aplicar el uso y manejo seguro

de medicamento, para garantizar la inocuidad de la miel, proteger el medio ambiente y las salud de los consumidores.

En el registro de control de plagas y enfermedades se debe especificar: Producto veterinario utilizado (nombre comercial y/o principio activo), dosis empleada, método de aplicación, plaga o enfermedad controlada, fecha de aplicación responsable de la aplicación y observaciones si son necesarias. Durante el control de enfermedades alterne los medicamentos veterinarios de uso apícola para evitar el desarrollo de resistencia. En caso de comprobar resistencia al medicamento suspenda su uso durante al menos dos temporadas.

20.Manejo de residuos del apiario

Los materiales, basura, y desperdicios que se produzcan en el apiario deben ser maneja y clasificados según el riesgo que representen para ser eliminados correctamente. Los envases vacíos de medicamentos y productos veterinarios deben cumplir con triple lavado y la disposición correcta de estos. Nunca se deben enterrar ni quemar, sino disponerlos para entregar al sistema de recolección municipal.

21. Extracción de la miel y derivados de la colmena. Proceso.

La sala de extracción o planta procesadora de miel, debe cumplir con las exigencias de una planta de manejo de alimentos, es decir: contar con un área de recepción, donde se colocan las cajas, con las alzas melarías y los tanques, separada físicamente del área de proceso, donde están la centrifuga, los tanques receptores, descantadores y el desoperculador, filtro, etc. Luego viene el área de envasado, almacén y despacho. La empresa debe contar con baños, lavamanos y área de lavado de los equipos, tanques, utensilios, tanques, vasijas y herramientas. No se recomienda utilizar detergentes, es apropiado utilizar agua caliente a 82 °C. Retirar la materia orgánica, lavar, enjuagar y desinfectar con agua caliente. Esta agua debe ser agua potable. Según como lo establecen los reglamentos y protocolo de limpieza y desinfección de las área o instalaciones donde se maneja o procesan alimentos.

22. Instalaciones, facilidades y áreas de la sala de extracción o procesadora

22.1.   Área de recepción

Esta área se considera una área sucia, donde llegan las alza melarías. En este lugar se deben inspeccionar la calidad e higiene de las cajas y los cuadros antes de ser enviada al área de extracción. El personal que labora en esta área, si le corresponde participar en el proceso de la extracción de la miel, debe higienizarse y cambiar sus indumentarias antes de pasar a esta. Esta área conviene que está separado, del área limpia, contando con una ventana sanitaria, por donde pasaran las cajas o los cuadros a la sala de extracción, con los fines de evitar contaminación cruzada. Esta ventana debe contar con las dimensiones apropiadas, que facilite la entrada de los cuadros y de las cajas.

Ventana sanitaria, con cortinas plásticas.

Fuente: foto tomada por el autor. 2018.

Conviene que esta área este separada de área limpia, donde se encuentra el desoperculador y la centrifuga, por una ventada sanitaria, con cortina plástica y, que esta abertura solo permita la entrada de los cuadros o que serán colocados en el desoperculador y la centrifuga.

Es un área sucia, el personal que labora aquí debe cumplir con el protocolo de limpieza y desinfección. Tener indumentaria diferente a la de los demás trabajadores, para evitar contaminación cruzada. Aquí están los tanques y las alzas melarías que pasaran a la sala de extracción, luego de su evaluación e inspección correspondiente.

Fuente: foto tomada por el autor. 2018.

23.Área de extracción de la miel

Desoperculador, centrifuga y tina de acopio

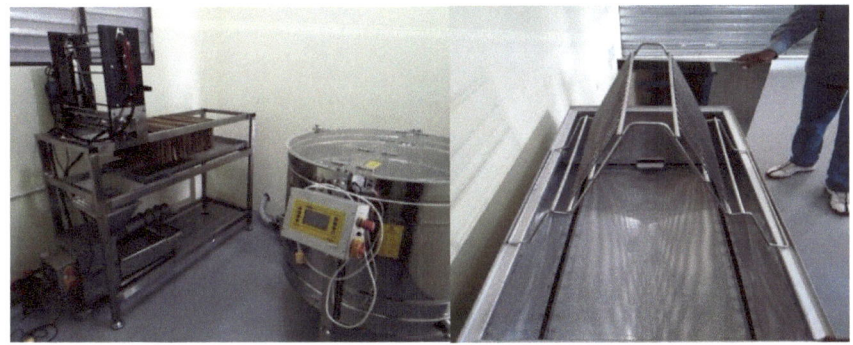

Fuente: foto tomada por el autor. 2018.

En esta área se ubican el desoperculador y la centrifuga, siendo la segunda actividad que se realiza después de llegada las alzas malarias a la empresa. La función del desoperculador, es retirar la capa de cera que cubre las cerdas para dejar salir la miel luego de ser centrifugada. Tanto la centrifuga, desoperculador, el cuchillo, soporte de cuadros y recipientes o tina acopiadora de la miel, deben ser de material grado alimenticio, preferible de acero inoxidable, con el objeto evitar contaminación cruzada, que afecte la calidad e inocuidad de la miel, y demás subproductos de la colmena.

23.1. Tanque de acopio de miel. Acero inoxidable. Grado alimenticio.

Tanque de acero inoxidable, para acopio de mieles

Fuente: foto tomada por el autor. 2018.

El apicultor y el procesador son los responsables de mantener y garantizar la calidad e inocuidad de la miel y la de los demás productos de la colmena. Es por eso que todos los equipos, materiales, herramientas y utensilios deben ser no corrosivos, grado alimenticio y que no agreguen ninguna contaminación a la miel. Por lo que conviene que los tanques de almacenamiento de miel sean de acero inoxidable, grado alimenticio.

23.2. Flujograma de proceso

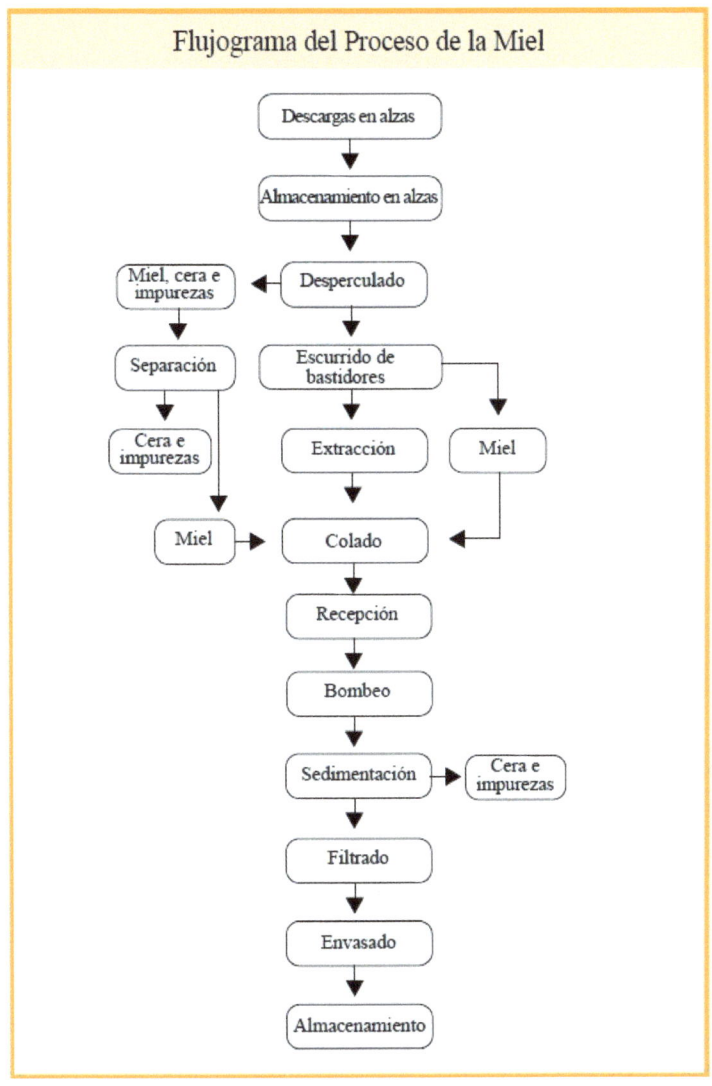

Fuente: google.com. 2018

23.3.   Laboratorio para pruebas o análisis de calidad de la miel.

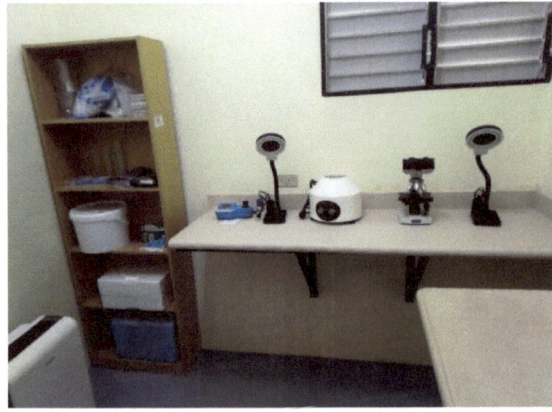

Fuente: foto tomada por el autor. 2018.

Conviene que toda empresa procesadora de miel instale un mini-laboratorio, para las prueba de calidad requeridas según la norma. Las pruebas oficiales son las siguientes:

23.4.   Equipo para la eliminación de la humedad de la miel.

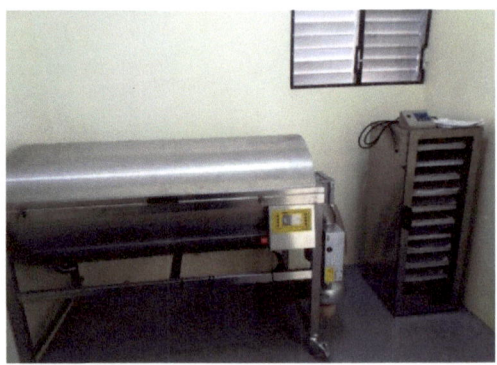

Fuente: foto tomada por el autor. 2018.

Uno de los requisitos principales de la miel para garantizar su calidad es la humedad, la cual debe oscilar:

23.5. Unidad de calentamiento a 82°C del agua potable

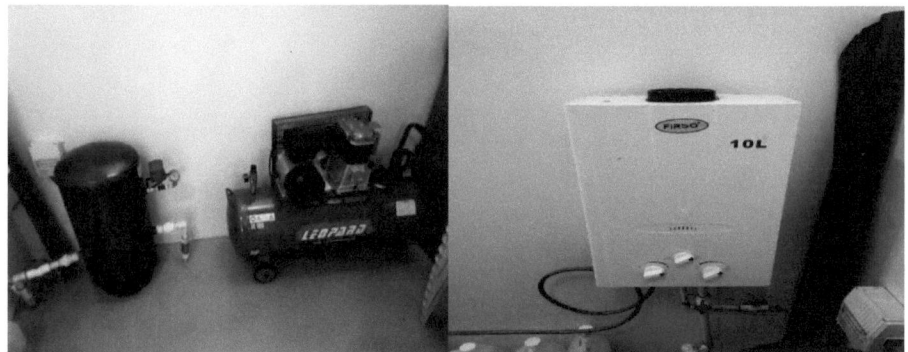

Fuente: foto tomada por el autor. 2018.

El agua utilizada en la planta tanto para la limpieza, lavado y desinfección de las áreas, equipos, utensilios, tanques, vasijas y herramientas debe ser potable para evitar contaminación cruzada debido a la calidad microbiológica del agua. Se recomienda utilizar agua caliente a 82°C, o potabilizada preferible desinfectada con cloro al 12.5%.

23.6. Registro y documentaciones para el manejo del apiario

Los apicultores deben diseñar registros para registrar todas las actividades que se realizan en el apiario, cada vez que se realizan. Lo correcto es elaborar el manual de buenas prácticas apícola. Y realizar vigilancia, monitoreo y control de todos los procesos y actividades en el apiario. Todos los apicultores deben registrarse en el Ministerio de Agricultura (sanidad animal, división apícola y el departamento de inocuidad agroalimentaria). Las colmenas deben ser identificadas y los apiarios georeferenciados.

23.7. Rastreabilidad

Todos los apicultores deben diseñar un programa de rastreabilidad o trazabilidad, para lo cuales deben identificar correctamente todas sus colmenas y establecer la ubicación y

Dr. Carlos Ariel Castillo Vicioso, MSc

georeferenciación de sus apiarios. Con esto se garantiza, el poder retirar cualquier lote de miel que sea detectada con problemas de contaminación, de los almacenes o centros de comercialización. Además que con esto se evita un poco el robo de las colmenas, al estar identificadas.

Fuente: foto tomada por el autor. 2018.

Dr. Carlos Ariel Castillo Vicioso, MSc

24. Referencias

- https://mail.google.com/mail/u/0/#search/apicola+manual?projector=1
- https://mail.google.com/mail/u/0/#search/apicola+manual?projector=1
- file:///C:/Users/ariel%20castillo/Desktop/CURSO%20APICOLA%20OIRSA/APICULTURA%20EN%20COREA.pdf
- https://mail.google.com/mail/u/0/#search/apicola+manual?projector=1
- https://mail.google.com/mail/u/0/#search/apicola+manual?projector=1
- https://mail.google.com/mail/u/0/#search/apicola+manual?projector=1
- Formulario para inscribirse en el clúster apícola de Republica Dominicana https://mail.google.com/mail/u/0/#search/apicola+manual?projector=1
- Descargar aquí formulario de registros de apicultor, procesador y exportador de miel del departamento de inocuidad, ministerio de agricultura de RD. http://inocuidad.agricultura.gob.do/registros/

25. Apéndices

25.1.   Apéndice A

Bebederos para las abejas

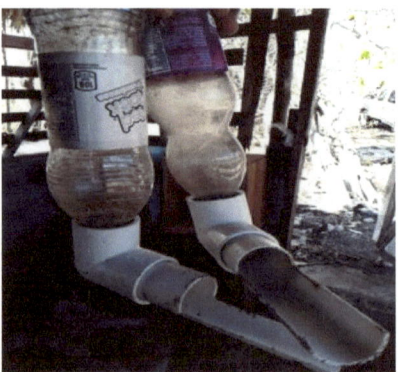

Fuente: foto tomada por el autor. 2018.

25.2.   Apéndice B

Área de recepción, tanques para almacenamiento y transporte de miel.

Fuente: foto tomada por el autor. 2018.

25.3.   Apéndice C

Envasado de la miel y del panal, debe hacerse en frasco o recipientes grado alimenticios. Lavados y desinfectados apropiadamente.

Fuente: foto tomada por el autor. 2018.

La miel es adecuada para la alimentación, pero conviene tener cuidado con su inocuidad sobre todo cuando se trata de niños menores de dos a tres años. Conviene su pasteurización si será consumida directamente por niños que se encuentran en este rango de edad.

Fuente: foto tomada por el autor. 2018.

25.4.   Apéndice D. Investigaciones sobre las áreas.

ESTUDIO: HUMO DE ORÉGANO PARA COMBTIR VARROA - STUDY: SMOKE OF ORÉGANO TO COMBAT VARROA.

Científicos del Instituto Politécnico Nacional (IPN), en Durango, comprobaron que el humo producido con tallos del orégano puede proteger a las colmenas productoras de miel porque ayuda a disminuir las poblaciones del ácaro varroa (*Varroa destructor*), parásito causante de la varrosis en las abejas, una de las plagas más devastadoras.

Los investigadores han seguido esta línea de investigación desde hace más de una década.

En 2008 publicaron algunos resultados en el estudio del empleo de aceite de orégano (*Lippia graveolens*) para el control de varroa, parásito de las abejas.

En esa investigación comenzaron a realizar estudios en laboratorio sobre el uso de algunas sustancias vegetales que pudieran generar repelencia del ácaro varroa, principalmente para que no se adhiera a las crías de las abejas.

En su etapa más reciente de estudio, los investigadores del Centro Interdisciplinario de Investigación para el Desarrollo Integral Regional (CIIDIR), del IPN, hicieron experimentos en 28 colmenas en las que usaron el humo del orégano y midieron una reducción en los ácaros que matan a las abejas, identificando la reducción de los parásitos invasores de abejas.

Dr. Carlos Ariel Castillo Vicioso, MSc

Los resultados se publicaron en el estudio "Evaluación del humo de orégano (Lippia graveolens HBK) como alternativa para el control de varroa destructor", cuyos autores Martha Celina González Güereca, Isaías Chaírez Hernández y Gerardo Pérez Santiago, quienes explicaron que el parásito que se logró controlar fue identificado desde el año 2000 como una de las principales amenazas para la supervivencia de las colonias de abejas porque ataca a las crías.

Ese ácaro no sólo daña por sí mismo sino por ser portador de virus, hongos y bacterias que debilitan y acaban las colmenas.

Los científicos indicaron que el orégano mexicano es una planta que tiene diversas propiedades ya que contiene aceites esenciales ricos en timol y carvacol.

Se utiliza en el sector industrial en las áreas de alimentos, cosméticos y fármacos. En la medicina naturista y tradicional se emplea principalmente para problemas de las vías respiratorias y de la menstruación; posee propiedades antibacterianas y fungicidas, además de que se le considera como un potente insecticida y acaricida.

En Durango, la planta se colecta en época de lluvia, cuando está en plena floración, porque sus aceites esenciales están más concentrados.

Las plantas se secan extendidas en zonas abiertas, posteriormente separan la hoja del tallo, mediante paleado, y posteriormente la encostalan.

Dr. Carlos Ariel Castillo Vicioso, MSc

Se estima que entre 50 y 70 por ciento del peso total de la mata corresponde al tallo, que se desecha en el campo o se incinera y arde fácilmente debido a la concentración de aceites que contiene.

Los especialistas llevaron a cabo sus estudios dos temporadas estacionales previas a las cosechas de primavera y otoño de 2015. Seleccionaron 28 colmenas en tres apiarios de la entidad con base en la accesibilidad a los caminos, la disponibilidad de los apicultores y los controles del ácaro que ellos emplean.

Ahí, determinaron que los desechos de los tallos de orégano se utilizan como combustible en los ahumadores, como fumigante natural, y son una alternativa complementaria para mantener las poblaciones del ácaro en bajos niveles, antes y después de la cosecha de miel, lo cual se refleja en un incremento en la elaboración de los distintos productos de la abeja.

En el año 2006, antes de estas investigaciones con humo de orégano en Durango, la investigadora Rebeca González Gómez, de El Colegio de la Frontera Sur (Ecosur-Conacyt), había reportado estudios para controlar la varroa que afecta a las abejas, pero usando una planta conocida popularmente como Nim (Azadirachta indica), que también daba buenos resultados en el control de la varroa.

En estos antecedentes se apoyaron los estudios politécnicos para uso de sustancias vegetales para protección de las abejas.

FUENTE: http://www.cronica.com.mx/notas/2017/1040650.html

25.5.   Apéndice E. El tabaco y sus propiedades benéficas para la abejas.

El tabaco perjudica la salud de las personas, pero no ocurre lo mismo con las abejas. Algunos químicos naturales que se encuentran en la flor del tabaco y otras plantas podrían ser la medicina adecuada para abejas enfermas, según un estudio de la Universidad de Dartmouth que se publica en la revista "Proceedings" (Royal Society).

Dr. Carlos Ariel Castillo Vicioso, MSc

Los investigadores encontraron que los productos químicos en el néctar floral, incluyendo alcaloides como la anabasina y la nicotina, y algunos iridoides y terpenoides, reducen significativamente la infección por parásitos en abejas. Los resultados sugieren que si estas plantas con alto contenido en estos compuestos crecieran en los alrededores de los campos de cultivo serían capaces de actuar como un botiquín médico natural que mejoraría la supervivencia de las abejas enfermas y, por tanto, la polinización de los cultivos.

Los investigadores estudiaron las infecciones parasitarias en los abejorros, que al igual que las abejas melíferas son importantes polinizadores y están en declive en todo el mundo, una tendencia que amenaza frutas, verduras y otros cultivos que componen la mayor parte de la provisión de alimentos para las personas.

Mayor resistencia

Las plantas producen sustancias químicas llamadas metabolitos secundarios para defender las hojas frente a los herbívoros. Estos químicos también se encuentran en el néctar, pero poco se sabe acerca de los impactos de los compuestos del néctar en los polinizadores, incluyendo a las abejas. Los investigadores plantearon la hipótesis de que algunos compuestos del néctar podrían reducir las infecciones de parásitos en las abejas, por lo que inocularon en abejorros un parásito intestinal y comprobaron los efectos de ocho sustancias químicas presentes en el néctar sobre el crecimiento de la población de parásitos.

Los resultados mostraron que el consumo de estos productos químicos disminuyó la intensidad de la infección hasta en un 80 por ciento, lo que podría reducir significativamente la propagación de parásitos en las colonias de abejas. "Nuestros resultados reflejan que los metabolitos secundarios en el néctar pueden jugar un papel vital en la reducción de las interacciones entre los parásitos y las abejas", explica Rebecca Irwin, profesora en la Universidad de Dartmouth y autora principal del estudio.

https://www.abc.es/sociedad/20150218/abci-abejas-tabaco-estudio-201502171848.html

Dr. Carlos Ariel Castillo Vicioso, MSc

25.6.   Apéndice F. Controles biológicos de uso en apicultura

En el RD, se ha aprendido mucho de sobre la apicultura, desde hace más de 80 años se trabaja en ella de manera consiente y utilizando tecnologías para mejorar la salud de las colmenas, así como la calidad y la inocuidad de la miel. Existe una asociación o clúster nacional de apicultores, organizados legalmente. En cada región del país, existen técnicos capacitados en esta área para apoyar y vigilar el desarrollo de la apicultura y controlar los problemas sanitarios que puedan aparecer. Además del departamento de sanidad animal (división apícola) que realiza las políticas y se encarga de la vigilancia sanitaria, también está el departamento de inocuidad agroalimentaria, que se encarga de las buenas practicas ganaderas, y el uso y manejo seguro de los productos y medicamentos veterinarios, desde los apiarios, centros de acopios, sala de extracción y las normas y leyes, que rigen el sector. Este departamento valora, inspecciona, audita y certifica las buenas prácticas apícolas y de manejo. Al igual que sanidad es una dependencia del ministerio de agricultura.

Los apicultores utilizan los siguientes rubros agrícolas para el control de diferentes plagas tales como: parásitos, insectos, ácaros y coleópteros que atacan a las abejas,

La cebolla, ajo, ajíes picantes, cilantro ancho, orégano, anamú, entre otros. Con el objetivo de disminuir el uso de sustancias químicas, vinagre, ácido oxálico, como medicamentos y pesticidas, que pueden con más facilidad disminuir la inocuidad de la miel.

www.ingramcontent.com/pod-product-compliance
Lightning Source LLC
Chambersburg PA
CBHW041117180526
45172CB00001B/298